LA DENT DE SAGESSE ADULTE
A L'ÉPOQUE NÉOLITHIQUE
Absence de changement de volume

DE LA PIERRE POLIE A NOS JOURS.

Par le Dr Marcel BAUDOUIN (Paris).

Notre intention, dans cette étude, est d'étudier la
Dent de Sagesse, c'est-à-dire la troisième grosse molaire (M³), chez l'**Homme Adulte** (1) Néolithique, en
basant nos recherches exclusivement sur une fouille
personnelle : celle de l'*Ossuaire des Cous*, de Bazoges-en-
Pareds (Vendée) (2).

Rappelons seulement que cette sépulture, que j'ai
datée d'environ 8.500 ans avant Jésus-Christ, n'a fourni
que des sujets d'une Race Dolichocéphale, de **petite
taille**, et à ossements assez grêles; race qu'il faut bien
distinguer de celle des *Dolicocéphales, de grande taille* et
à *os très vigoureux*, qui correspond certainement à des
hommes bien plus récents (Age des Métaux) et de celle
des *Brachycéphales* néolithiques, qu'on trouve parfois
dans les Dolmens, également.

---

(1) Je laisse de côté ici la question du Développement de cette
dent (c'est-à-dire l'étude de sa formation et de sa *sortie* de l'alvéole),
pour ne pas allonger outre mesure cet article et pour éviter de
mélanger deux questions bien différentes.

(2) Marcel Baudouin et Lucien Rousseau (Vendée). — *L'Ossuaire
de la Ciste des Cous, à Bazoges-en-Pareds (Vendée) : Découverte, fouille,
description du Mobilier funéraire et des Ossements et Restauration.*
— *Mém. de la Soc. Préh. franç., t. III, 1914.* — Paris, S. P. F., 1915,
in-8°, 91 p., 41 fig. et 10 pl. hors-texte.

1

STATISTIQUE.

1° DENTS. — Les pièces anatomiques, relatives à M³ et dont nous disposons, sont de deux ordres :

1° Des Dents LIBRES (1), dont ie diagnostic, pour le *côté*, reste discutable ou pourrait parfois être discuté (2).

2° Des Dents EN PLACE encore dans les Maxillaires, dont le diagnostic *de côté est certain*, grâce à la persistance de la mâchoire.

1° Dents libres. — Nous avons déjà indiqué, dans diverses publications (3), combien nous avions recueilli de dents de sagesse *libres* aux *Cous* (4).

(1) En réalité, même pour tout anatomiste de profession et pour tout odontologiste, ce diagnostic n'est pas toujours faisable avec sécurité, aussi bien à la mâchoire supérieure qu'à l'inférieure !

En effet, quoique la face latérale *plate* soit toujours la face *interne*, c'est-à-dire celle qui correspond à la cavité buccale, et que, de plus, la racine qui est toujours *simple* et la plus *petite* soit toujours la *postérieure*, quand les dents sont libres, on peut se tromper très facilement.

Pourtant ces deux données suffisent d'ordinaire pour mettre M³ en position, le nombre des racines (2 ou 3) permettant tout d'abord de déterminer le maxillaire. — On peut aussi utiliser l'*Usure*, quand elle n'est pas généralisée et existe.

(2) Bien entendu, je n'ai pas ici à dire comment on peut distinguer M³ LIBRES de M² et M¹ LIBRES : ce qui m'entraînerait trop loin et ne rentre pas dans mon sujet. Mais je dois déclarer que ces diagnostics sont *très difficiles*, en somme. Il y a, en effet, des M², qu'on prendrait pour des M³, parce qu'elles sont *plus petites* que M³ (malgré la Loi admise aujourd'hui) et des M¹, très petites (à 2 tubercules externes, au lieu des 3 classiques), qui simulent des M² et même parfois des M³.

Comme on le voit, il est, par suite, bien plus prudent de n'étudier que les Dents EN PLACE ; et c'est ce que nous ferons ici, pour éviter toute erreur, sauf dans des circonstances particulières.

(3) MARCEL BAUDOUIN. — *Brisure rituelle des Ossements humains décarnisés à l'époque Néolithique.* — *Archives prov. de Chirurgie*, Paris, 1914, nᵒˢ 2, 3, 4, etc.

(4) MARCEL BAUDOUIN (Dᵣ). — *La Brisure et la Désarticulation rituelles des Maxillaires humains à l'époque Néolithique et les Dents de l'Ossuaire de Bazoges-en-Pareds* (Vendée). — *La Presse Dentaire*, Paris, 1916. — Tiré à part, Vannes, 1916, in-8°, 39 p., 5 fig.

En 1914 nous avions compté 30 M^3, dont 6 *Sup.* et 24 *Inf.* — En réalité, j'ai retrouvé, en 1917 :

a) 28 M^3 *supérieures*, des deux côtés, plus ou moins *usées* par la mastication.

b) 28 M^3 *inférieures*, pour les deux côtés, ainsi classées :

15 usures à peine soupçonnables.
9 usures peu marquées.
4 usures accentuées (Vieillards).
Soit $28 + 28 = 56$ Dents libres.

Il résulte de cette première constatation que les M^3 *libres* ne sont pas plus nombreuses pour les mâchoires inférieures que pour les supérieures. Cela tient sûrement à ce que les *Brisures rituelles* des maxillaires inférieurs, au niveau de cette dent, sont aussi fréquentes que pour la mâchoire supérieure. — En effet notre statistique de ces brisures donne les chiffres suivants, qui prouvent qu'il y a bien *égalité*.

a) *Brisures* du maxillaire inférieur, pouvant rendre libre M^3 *I.* = 9. — *Côté droit :* Nos **14, 15, 16, 17, 18, 26.** *Côté gauche :* Nos **39, 40, 51.**

b) *Brisures* du maxillaire supérieur, pouvant rendre libre M^3 *S.* = 9. — *Côté droit :* Nos **7, 8, 9.** *Côté gauche :* Nos **15 à 20.**

Mais il pourrait y avoir une cause, expliquant des différences, Celle-ci pourrait être la conséquence de l'*adhésion*, un peu plus grande, de la dent à l'alvéole de l'os desséché, quand elle a *trois* racines, au lieu de deux.

On comprend très bien, en effet, que l'encastrement de M^3 à la mâchoire supérieure doit être un peu *plus solide* qu'à l'inférieure, en raison même de la conformation osseuse. Les opérateurs ont sans doute remarqué déjà cette différence dans l'extraction de M^3 sur le cadavre ou sur le vivant. En tout cas, elle est peu marquée *post mortem*.

D'ailleurs nous verrons plus loin que la conformation

des *Alvéoles* de M³, au Néolithique, vient confirmer cette explication (exclusivement théorique d'ailleurs), tout au moins dans une certaine mesure.

2° Dents en Place. — Les M³, observées en place, sur les maxillaires, ont déjà été classées par moi de la facon suivante.

1° Maxillaires inférieurs = 30 spécimens [3 +12 + 15].

a) *Os entiers.* — Nᵒˢ 1 et **2** ; soit 4 moitiés avec seulement 3 dents (*Fig.* 1 et 3).

b) *Fragments* = 27.

    1° Côté DROIT = 12.

    [Nᵒˢ 3, 4, 5, 6, 7, 8, 9, 10 ; 11, 12 ; 13 ; 20].

    2° Côté GAUCHE = 15.

    [Nᵒˢ 27, 28, 29, 30, 31, 32, 33 ; 34, 35, 36, 37, 38 ; 41, 42, 43].

2° Maxillaires supérieurs = 6 spécimens, en fragments.

    Fragments = 6 cas seulement.

    1° Côté DROIT = 1 cas.

    [Nᵒ 1].

    2° Côté GAUCHE = 5 cas.

    [Nᵒˢ 11, 12, 13 ; 14 ; 62].

Cette statistique comparée des fragments ne prouve rien, en ce qui concerne M³. La différence, entre les chiffres de 30 spécimens inférieurs *en place* contre 5 supérieurs, est due exclusivement au *mode de désarticulation* du maxillaire supérieur du crâne, entraînant, *avant la mise en Ossuaire des Mâchoires supérieures*, la chute spontanée fréquente de M³ : fait qui ne s'observe pas pour la mandibule.

Nous n'avons donc à étudier, en somme, ici que 30+6 = 36 M³ *en Place* et 56 M³ libres. Soit 56 + 37 = 93 M³.

Ces chiffres paraîtront certainement très peu considérables, puisqu'ils représentent au maximum 94 : 4+2 sujets = 25 sujets pour les *Dents* ; plus **12** pour les *Alvéoles* (1) ; soit $25 + 12 = 37$, à supposer qu'aucun fragment droit et gauche ne puisse correspondre : ce qui est d'ailleurs probable d'après nos recherches antérieures.

Or il y avait au moins 100 ADULTES, possédant 400 M^3, dans l'Ossuaire des *Cous* ! On voit donc qu'un très grand nombre des M^3 [un peu moins des trois quarts], n'ont pas été déposées dans l'Ossuaire. Cela ne peut s'expliquer que par la *Sépulture à deux degrés* d'une part [Ossuaire après *Décarnisation*] et, d'autre part, la *Brisure rituelle*, voulue et presque constante, des deux Maxillaires, et cadre tout à fait avec nos conclusions primitives.

Cela étant bien établi désormais par cette statistique même, étudions d'abord les 12 *Alvéoles* de M^3 ; puis les 36 M^3 en place dont nous disposons, car il serait imprudent de faire entrer en ligne de compte les *Dents libres*, le diagnostic ne pouvant pas être scientifiquement certain pour toutes.

2° ALVÉOLES. — Dans cette revue, nous dirons donc, tout d'abord, avant d'aborder l'étude de M^3 elle-même, un mot de ce que nous apprend, pour la même période préhistorique, l'examen détaillé des ALVÉOLES DE M^3, question qui, jusqu'à présent, n'a été abordée par personne, à ce que nous croyons.

Ces données sont fournies par les autres débris osseux, *dépourvus de M^3* [tombées depuis le décès du sujet, soit avant la mise en ossuaire, soit dans l'ossuaire même], qui viennent compléter ceux où les dents sont encore en position anatomique.

Nous disposons, pour cette question spéciale, des pièces suivantes, au nombre de 27.

(1) Bien entendu, je ne compte que celles d'une mâchoire, pour ne pas faire double emploi !

1° **Maxillaires inférieurs**. — 12 pièces, au total [1].

a) Côté *gauche* [7 pièces] [2] :

[Nᵒˢ 45, 48, 49, 53, 55, 110].

b) Côté *droit* [5 fragments] :

[Nᵒˢ 3, 13, **14**, 15, 19].

2° **Maxillaires supérieurs**. — Au total, 14 pièces.

a) Côté *gauche* [7 os] :

[Nᵒˢ 25, **16**, **17**, 20, 26, 59, 60].

b) Côté *droit* [7 os] :

[Nᵒˢ 8, 2, 7, **4**, **5**, 6, **7**] [3].

Au total, donc : 12 + 14 = 26 fragments.

§ Iᵉʳ. — ÉTUDE DES ALVÉOLES DE M³.

Il faut, bien entendu, étudier à part, à ce point de vue :

1° *La mâchoire inférieure*; 2° *La mâchoire supérieure*, puisque les alvéoles sont très différentes, en raison de la conformation spéciale des racines aux deux maxillaires, et par suite de la forme même des bords alvéolaires.

I. — LES ALVÉOLES DE M³ INFÉRIEURE.

A. Cavités radiculaires.

1° Le caractère, qui frappe de suite, est la différence de dimensions des cavités des deux racines.

(1) Marcel Baudouin. — *Les deux maxillaires inférieurs, entiers, de l'Ossuaire de la Ciste des Cous, de Bazoges en Pareds (V.).* — Arch. prov. de Chir., Paris, 1914-1915. — *La Médecine internationale*, Paris, 1914.

(2) Il faut, en effet, ajouter l'alvéole, *vide*, gauche de la mâchoire entière (Fig. 1) nᵒ XXX (que je ne puis classer avec les fragments) aux 6 pièces suivantes.

(3) On remarquera cette *égalité*, curieuse, mais sans intérêt scientifique réel, pour ces ossements.

La cavité ANTÉRIEURE est toujours PLUS GRANDE que la POSTÉRIEURE. Dans le n° 13, la différence est très marquée : une cavité est *double* de l'autre.

2° Le second caractère, parmi les apparents, est l'état de la CLOISON INTER-RADICULAIRE. Celle-ci peut être très mince, incomplète, même nulle, ou bien atteindre parfois deux millimètres d'épaisseur..

Il y a là des différences considérables qui **tiennent à** l'*âge* surtout, puis à la taille du sujet. Bien entendu, ces deux caractères sont fonction exclusivement de l'état des *racines* de M³. — Nous en reparlerons.

B. SITUATION DE L'ALVÉOLE.

Les autres caractères intéressants de l'alvéole sont indépendants des racines, mais fonction de la place occupée par la base de la Branche montante **du Maxillaire**. — Ce sont les suivants :

1° REJET EN DEDANS de l'Alvéole, par rapport à l'*Axe antéro-postérieur* de la branche horizontale de l'os.

2° RECUL de l'Alvéole, derrière la partie antérieure de la GOUTTIÈRE (1), qui se trouve correspondre à la partie externe des deux grosses molaires.

---

(1) J'appelle *Gouttière extra-molaire*, la dépression, qui sépare le bord antérieur tranchant de la branche montante du rebord alvéolaire, et qui, à l'époque néolithique déjà, **part de la partie** *antéro-inférieure* de la face INTERNE de cette branche, descend derrière M³, et, après avoir passé *en dehors* de cette dent, vient se terminer d'ordinaire au milieu de la face *externe* de M². Elle est toujours très nette et remonte plus ou moins haut.

Elle existe chez des Animaux, par exemple chez les *Suidés ;* mais alors elle correspond, en arrière, à la face EXTERNE (et non *interne*) de la branche montante. Elle semble être là l'amorce et l'origine de celle de l'Homme. Cette disposition montre bien que, dans ce groupe, le raccourcissement de la mandibule a été obtenu aussi par un *rejet en dedans* de M³.

Je crois qu'à l'époque actuelle cette Gouttière est encore un peu plus accentuée qu'à l'époque néolithique, car, sur les os modernes,

Ces deux dispositions anatomiques ne peuvent d'ailleurs s'expliquer que par le *Raccourcissement*, qui s'est opéré, dans la série des âges, sur la branche horizontale de l'os, ayant amené une sorte de RENFONCEMENT OU de REFOULEMENT EN DEDANS, au niveau de la base de la branche montante, de la partie postérieure de l'arc mandibulaire.

En effet, chez les Animaux moins élevés dans la série, ce phénomène ne s'observe pas, même chez les Carnivores, qui pourtant présentent une atrophie très marquée à l'arrière des deux mâchoires, puisque M^s y a disparu, et chez lesquels il n'existe même pas à l'inférieure de M^s complète [celle-ci étant déjà très atrophiée, mais située toujours DEVANT LA BRANCHE MONTANTE] (1).

Ces données indiquent que l'évolution de M^3, dans la série, remonte très haut, et bien avant que l'espèce *humaine* ait été constituée elle-même !

Par conséquent cela tend à démontrer déjà que nous trouverons très peu de différences entre les M^3 *Néoli-*

souvent elle s'avance AU-DEVANT de M^2, au lieu de s'arrêter à sa *face externe*.

Mais ce refoulement n'est pas en relation avec le rejet en dehors de l'apophyse coronoïde.

Cruveilhier n'a pas signalé cette gouttière ; mais il a indiqué, sur une figure (t. 1, *fig.* 121, C*b*), la *crête* qui la limite sur la face interne de la branche montante, en la désignant comme fournissant des insertions au *Buccinateur*.

Cette Gouttière, en haut du moins, est donc fonction de ce muscle, dont la physiologie est connue. En bas, au nivau des dents, il n'en est plus ainsi.

(1) Chez ces Animaux, par suite, la *Gouttière extra-molaire* n'existe pas. — Mais, on l'a vu, on la trouve déjà indiquée chez les *Suidés*...

A noter que les Carnivores, par leur *denture molaire*, parfois diminuée d'une dent, sont plus rapprochés de l'homme qu'on ne le dit. Les ancêtres de l'Homme néolithique avaient une dentition bien plus *carnivore* qu'on ne le croit !

Témoin les *Canines* des Anthropoïdes et de Piltdown, pourtant plus proche de celles des *Suidés*. Chez les Carnivores, c'est la partie « *Meule* » qui s'est atrophiée.

thiques et les *Modernes* [à supposer qu'il en existe], puisque M³ a perdu certainement ses caractères proprement dits de « grosse molaire » type, dès l'époque *paléolithique*, et peut être dès le *Tertiaire*.

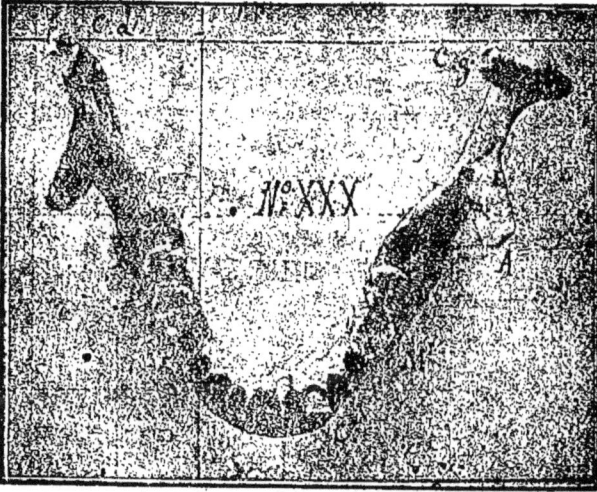

Fig. 1. — Aspect de L'ALVÉOLE de M³ du côté *gauche* du *Maxillaire inférieur* (nᵒ XXX), entier, de l'Ossuaire des Cous, à Bazoges-en-Pareds (Vendée). — Face triturante de la DENT DE SAGESSE (M³) du côté *droit*. *Echelle* : 1/2 grandeur, environ [Photographie. sur fond quadrillé, au *double centimètre*, *de face*. Méthode Marcel Baudouin].
Légende : C. d., C. g., les deux condyles d. et g. — A, apophyse coronoïde, très déjetée en debors. — M¹, série des grosses molaires gauches persistantes, avec, derrière, l'alvéole de M³, *vide*. — C, Caniné gauche.

On observe, en effet, déjà, à ce moment, le REFOULEMENT EN DEDANS(1), car il est très marqué sur la *mâchoire*,

(1) Ce *Refoulement en dedans* des grosses molaires et l'existence de la *Gouttière extra-molaire* expliquent pourquoi, à la mâchoire inférieure, l'*Usure des dents* est toujours EXTERNE, la mâchoire supérieure, non refoulée, débordant par suite de façon notable sur les dents d'en bas.

Je crois que personne n'a encore insisté sur cette cause de l'aphorisme « Le haut encadre le bas », en fait de Denture ; remarque qui remonte à Broca, je crois.

2

d'aspect si **animal**, de *Piltdown* [Base du Quaternaire inférieur].

3° La Déviation de l'axe de l'alvéole de M³ s'observe parfois au Néolithique ; mais elle semble *très rare* et bien moins fréquente qu'à l'époque actuelle, en tout cas.

Cette déviation peut se mesurer à l'aide de l'angle, *ouvert en dedans* d'ordinaire, formé par le prolongement en dehors des lignes correspondant aux cloisons inter-radiculaires de M² et de M³.

En effet, il n'y a pas de déviation d'axe de M³, quand ces deux lignes sont *parallèles*, puisqu'elles sont alors toutes deux perpendiculaires à l'axe de la branche horizontale, au niveau des molaires.

Or, sur l'os n° 14 (côté droit) (homme 50 ans), on peut constater que cet angle (au lieu d'être égal à 0°) atteint 50° ! Et on pourrait croire qu'il ne s'agit là que d'un fait *pathologique*, si on ne le retrouvait, moins marqué, sur le n° 110 (côté gauche) (homme 45 ans), où l'angle ne dépasse pas 30° (!).

On n'a donc, en réalité, constaté cette déviation que 2 fois sur 13 pièces ; ce qui ne donne qu'une proportion de 4 sur 25 ou 16 %. — Jusqu'à nouvel ordre, ce chiffre n'est pas assez fort pour qu'on puisse en tirer une conclusion quelconque. Mais il est certain qu'il indique pourtant que, dès l'époque Néolithique, M³ s'est trouvé assez souvent gênée dans son développement, pour être obligée de se développer aussi obliquement ! Ce mode de placement de M³ diminue d'ailleurs la longueur de la base triturante ; mais je ne l'ai pas observé encore sur les mâchoires paléolithiques que je connais (Piltdown, La Naulette, Heidelberg, Spy, Malarnaud, La Quina, etc.)

(1) Je ne puis tenir compte du n° 36, où la déviation d'axe est de 20° seulement, parce que, sur cette pièce, M² est *tombée* depuis longtemps par *Arthrite alvéolaire*. Or l'atrophie, consécutive et constante, de l'os pourrait avoir ici causé cette petite déviation.

C. Rapports de la Branche montante.

Les relations de la Branche montante du Maxillaire inférieur avec l'Alvéole de M³ paraissent, au premier abord, avoir une réelle importance phyllogénique, en ce sens qu'elles semblent *mesurer le degré de Refoulement*, en arrière, *de la dent de sagesse*, et partant le Raccourcissement de la branche horizontale. En effet il semble que plus M³ sera *cachée* derrière cette portion osseuse, plus le sujet devra avoir évolué suivant le type humain, c'est-à-dire progressé vers le type à *Face plate*.

1° *Hypothèse.* — En réalité, il n'en est absolument rien et voici pourquoi! Ces relations dépendent, non pas seulement de l'*Angle* que forme la branche montante avec le corps de l'os, comme on le croit souvent, mais en réalité de la seule *Largeur*, c'est-à-dire du développement de puissance, dans cette dimension, de cette branche, qui commande la valeur de cet angle.

Or ce développement est tout simplement fonction de la puissance des *Muscles masticateurs* et surtout du *Masseter*.

Comme cette puissance est en relation exclusivement avec le Régime *carnivore*, comme elle augmente avec l'intensité de ce mode d'alimentation, on voit que, chez les hommes mangeant surtout de la *chair crue* (ou peu cuite), cette largeur de la branche montante a dû AUGMENTER. Et, partant, cette portion de l'os mandibulaire ne pouvant le faire *qu'en avant,* elle a dû alors s'avancer au devant de l'alvéole de M³ et la recouvrir plus ou moins, en dehors.

Comme, d'autre part, la véritable cause de l'ATROPHIE de M² est aussi le régime carnivore le plus accentué, on est obligé d'admettre que ces deux modifications agissent en sens inverse, mais par suite « travaillent » dans le même sens : le *Recouvrement de M³* sans qu'il soit nécessaire de faire jouer un rôle quelconque au raccourcissement de l'arc mandibulaire.

2° *Preuves*. — Je trouve la preuve de la justesse de ce raisonnement et de la valeur de cette hypothèse dans les faits suivants.

a) Au Quaternaire inférieur, à l'époque où M^3 s'est *atrophiée* peu à peu, de manière à devenir plus petite que M^2 et *à fortiori* que M^1, on constate que la branche montante est *plus large* (Piltdown, Heidelberg, Spy, etc.)!

Je suppose qu'à cette époque l'ancêtre de l'homme était encore plus carnivore que végétarien.

Plus tard, au Néolithique, cette *atrophie de M^3 s'étant arrêtée*, sans doute parce que le régime primitif est devenu presque exclusivement végétal, la branche montante s'est atrophiée elle-même ; et, dès lors, elle a redécouvert M^3, qu'elle avait, en partie, cachée auparavant !

b) C'est donc pour cette raison qu'à la Pierre polie nous constatons que M^3 est située presque toujours EN AVANT du bord antérieur de la branche montante, et même parfois assez notablement.

En effet, sur les **32** mandibules, que nous avons examinées à ce point de vue, nous avons trouvé ce qui suit :

a) *M^3 en avant, c'est-à-dire découverte:* 28 cas.
  1° en avant de 0 à 4^{mm} (*très découverte*) : 14 cas.
    N⁰⁵ 19, 8, 12, 38, 11, 7, 51 (côté droit).
    N⁰⁵ 32, 34, 29, 43, 31, 55, 20 (côté gauche).
  2° contact ou à peu près (*découverte*) : 14 cas.
    N⁰⁵ 6, 5, 13, 15, 3 (côté droit).
    N⁰⁵ 28, 48, 27, 35, 41, 33, 110 (côté gauche).
    Entières : N⁰⁵ 1 et 2.

b) *M^3 à peine cachée :* 4 cas.
  1 à 2^{mm}. — N⁰⁵ 45, 42.
  3 à 4^{mm}. — N⁰⁵ 49, 14.

Il est donc inutile d'insister. Il est démontré par là qu'au Néolithique la règle est que M^3 est *très découverte* ou *découverte*. Elle n'est qu'exceptionnellement atteinte en arrière par le bord tranchant de la branche montante, qui, en somme, ne la cache jamais, même à moitié !

Il est presque certain qu'à l'époque moderne il n'en est pas toujours ainsi. Ce qui montre que nous sommes redevenus un peu plus carnivores qu'au Néolithique. Mais il est prouvé par les faits qu'au Paléolithique M³ était parfois beaucoup plus recouverte, comme le démontre la mandibule de Piltdown, *totalement cachée !*

Il semble bien d'ailleurs que ce caractère soit tout à fait indépendant du *Refoulement en dedans* proprement dit de l'alvéole, en relation plutôt avec la *Gouttière extra-molaire,* comme on l'a vu.

4° FORME DE M³. — On constate souvent, sur l'alvéole de M³, une trace de *subdivision* de la cavité correspondant à la *racine antérieure,* indiquée par une saillie en avant de la cloison interradiculaire.

Ce caractère est fort intéressant et est du ressort de l'atavisme, car il indique sûrement qu'autrefois, au moins chez un ancêtre de l'homme néolithique, M³ I a dû avoir au moins *trois racines isolées,* tout comme M³ S.

J'ai observé le fait surtout sur l'os n° 15, même le n° 19 (tous deux du côté *droit*), et sur le n° 49 (côté gauche). — Le fait est bien net en haut, sur le n° 15. Mais il est surtout évident sur la pièce A du Tas n° I (le n° 49), qui se rapporte à une femme, de *très petite taille,* âgée d'au moins 50 ans, où la cavité de la racine antérieure est même divisée, à son fond, en *deux trous :* ce qui prouve bien que la racine antérieure de cette dent était *subdivisée* elle-même en deux parties (disposition qu'on dit ne pas être normale pour l'époque moderne).

II. — ALVÉOLES DE M³ SUPÉRIEURES.

A. CAVITÉS RADICULAIRES.

A. FORMES EXCEPTIONNELLES. — 1° La forme des Alvéoles des M³ supérieures est très différente des cavités correspondantes de la mandibule.

En effet ici, quand l'alvéole est subdivisée (ce qui est rare en somme, en raison de la forme en *pivot*, très commune, des M³), la cloison, au lieu d'être transversale, est *antéro-postérieure*, car elle sépare alors la 3ᵉ racine (ou racine interne) des deux externes, qui est, en réalité, la 5ᵉ racine (la 6ᵉ n'existant pas) (Cas nᵒˢ 25, 20, 60, 65, 4).

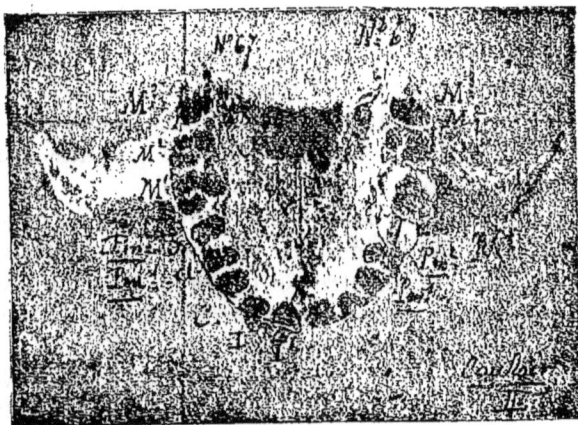

Fig. 2. — MAXILLAIRES SUPÉRIEURS Nᵒˢ LXVII ET LXVIII DE L'OSSUAIRE DES COUS, DE BAZOGES-EN-PAREDS (VENDÉE) (1).

Aspect des deux ALVÉOLES de M³ (2). [Photographie de *face*, sur fond quadrillé, au double centimètre. Méthode Marcel Baudouin]. — *Echelle:* 1/2 grandeur, environ.

Légende: M³, M³, alvéoles des deux *Dents de Sagesse.* — M¹, M¹ ; M², M², les *alvéoles* des 1ʳᵉˢ et 2ᵉˢ grosses molaires. — P. m³ G., *alvéole de* Pᵐ³ gauche. — Pᵐ², 2ᵉ prémolaire (*Dent*). — Pᵐ A., alvéoles des Pᵐ¹ gauches. — A, alvéole de Pᵐ¹. — C, Canine. — I², 2ᵉ incisive gauche. — I¹, 1ʳᵉ incisive gauche.

Cela indique de suite que, pour le maxillaire inférieur, ce sont les deux racines internes (5ᵉ et 6ᵉ), qui sont absentes, les 3ᵉ et 4ᵉ (les *moyennes*) étant fusionnées

(1) Ces nᵒˢ 67 et 68 correspondent aux nᵒˢ 8 et 27, ... 66, de la liste générale.
(2) Le nᵒ 67 est subdivisé en 3 *parties* ; le nᵒ 68 a une cavité unique, non subdivisée et avec des crêtes à peine appréciables.

avec les deux *externes*, tandis qu'en haut il n'y a qu'une racine en plus.

2° Quand il existe une seconde division, elle sépare d'ordinaire les 2 racines externes. Le fait est très net sur les n°s 20 et 25 (1) (Fig. 2).

Mais, une fois, j'ai trouvé (n° 60), par torsion de la dent, une disposition inverse.

2° FORME HABITUELLE. — Donc, dans la majorité des cas, la *Cavité* est *transversale* et *unique*, avec simplement des *crêtes* saillantes, correspondant aux sillons ; et parfois elle est à peine marquée.

B. SITUATION DE L'ALVÉOLE. — Par opposition avec ce qui existe à la mandibule, l'alvéole de M³ est toujours exactement sur la même ligne antéropostérieure que M² et M¹.

C. DÉVIATION DE L'AXE. — Toutefois l'axe *transversal* n'est pas toujours perpendiculaire à cette ligne ; il est souvent *oblique* : ce qui donne plus de place à M³, pour se loger.

Le fait est patent pour les n°s 3 et 4.

Pour le n° 3, cette déviation atteint 30°, l'angle étant ouvert *en dedans*. Ce qui veut dire que la dent a tourné de dedans en dehors et d'avant en arrière, pour devenir oblique, sa largeur étant trop grande pour l'épaisseur du bord alvéolaire.

§ II. — ETUDE DES DENTS (M³).

Il ne faudrait pas croire qu'il n'y a plus rien à rechercher, en ce qui concerne la simple Anatomie de la Dent de Sagesse, à l'époque *actuelle* !

En effet, l'*Anatomie humaine* de cette dent est loin d'être faite, à tous les points de vue (Embryologie, His-

(1) Le n° 25 est le n° 67 de la *Fig.* 2, en effet.

tologie, Anatomie descriptive et topographique), malgré tout ce qu'on a écrit à ce sujet. Et on en aura la preuve tout à l'heure, rien qu'en remémorant ce qu'a écrit un des auteurs les plus classiques.., et en rapprochant son texte de nos conclusions.

De plus, toute l'*Anatomie comparée* de cette Molaire reste encore à faire, car on ne connaît aucun mémoire d'ensemble sur cette question, malgré son importance considérable.....

Qui plus est, malgré les recherches de Topinard et autres, son étude n'a même pas été tentée, simplement chez les *Singes* et les *Anthropoïdes*, malgré son vif intérêt.

C'est dire que nous sommes toujours en face d'énormes lacunes... Mais, comme il nous est impossible de les combler aujourd'hui nous-même, nous n'insistons pas davantage. — Qui ne sut se borner..., a dit Boileau !

I. Historique. — Voyons seulement ce qu'a écrit, de la Dent de Sagesse, au point de vue purement anatomique, l'un des classiques modernes et français, Cruveilhier. — Tous ceux qui l'ont suivi d'ailleurs n'ont guère fait mieux...

Les descriptions des anatomistes classiques, en ce qui concerne la 3ᵉ grosse molaire, sont au demeurant tout à fait inexactes et presque fantaisistes parfois.

1° *Cruveilhier*. — En effet, on lit dans Cruveilhier (1) :

« La Dent de Sagesse se distingue de la 1ʳᵉ et de la 2ᵉ par son volume, qui est sensiblement *moindre* (2) ; par sa couronne, qui ne présente que *trois* tubercules (3), dont deux externes et un interne (4) ; par sa *longueur* (5),

(1) Cruveilhier (J.). — *Traité d'Anatomie descr.* Par., t. ii, 1865, p. 84.
(2) Il n'en est pas toujours ainsi, même à l'heure présente.
(3) Souvent, il y a 4 tubercules, et même *cinq* parfois, à la mandibule !
(4) Quand il n'y a que *trois* tubercules, il y en a 2 antérieurs et 1 postérieur, dans presque tous les cas, à la mandibule. — Cette description n'est exacte que pour le maxillaire supérieur.
(5) L'auteur veut dire *hauteur*, sans doute.

moins considérable (1) ; par ses *racines*, lesquelles sont, dans certains cas, réunies plus ou moins complètement en une seule (2). »

Il est vrai que cet auteur a ajouté : « Aucune dent ne présente d'ailleurs plus de variétés.. ! » — Texte qui n'engage à rien et n'en rend pas plus aisé le diagnostic et les comparaisons...

II. Description. — Entrons maintenant dans l'étude des caractères physiques de M^3.

Nous nous bornerons d'ailleurs à deux d'entr'eux : le Volume en masse et le Nombre des Tubercules de la face triturante, en dehors du nombre des *Racines*, caractéristique des mâchoires, comme on sait.

Il est, je crois, absolument inutile de multiplier les mensurations et de prendre toutes celles de toutes les dents néolithiques [largeur, épaisseur, etc.].

En effet, les différences ne pourraient porter, tout au plus, que sur un à deux millimètres. Et, comme l'*Erreur personnelle* des Anthropologistes ne peut pas être évaluée, pour les dents elles-mêmes, à moins d'un millimètre, on voit que ces fastidieuses mensurations ne pourraient nous mener à rien, au point de vue de la comparaison des M^3 néolithiques et *modernes*, et même *paléolithiques*, car ces dernières sont à peine plus volumineuses, en général, que celles de la Pierre polie.

Ce qui est certain, c'est qu'il existe, à l'heure présente, des M^3, *très supérieures* comme volume à celles des plus grosses néolithiques, même chez des *Brachycéphales*, alors que nous n'étudions ici que des *Dolichocéphales*.

(1) Cela n'est pas toujours exact.
(2) Cela est loin d'être très fréquent, même actuellement, et même à la mâchoire supérieure.
Les M^3 supérieures, gauche et droite, qu'on a extraites en 1917 sur moi-même [Dr Brunet (Vichy) et Dr Ferrier (Paris)] avaient *trois racines*, bien distinctes et *très divergentes*. — *Ab uno disce omnes*......

Et cela prouve bien que le volume absolu de la dent est surtout fonction de la *race* et de la *taille* du sujet.

Une différence de 0,10cm de taille peut augmenter M3 de plus de un millimètre en longueur et en largeur. Par conséquent, il ne faut s'occuper ici que du volume *comparé* des Molaires entr'elles, seule notion à retenir pour l'instant.

1° **Dimensions.** — 1° BASE OU FACE TRITURANTE. — La *face triturante* présente une *longueur* (axe antéro-postérieur) et une *largeur* (axe transversal). On pourrait considérer aussi une *hauteur : totale* (base au sommet de la plus longue racine) pour les dents *libres*; *partielle* (base triturante au rebord alvéolaire) pour les dents encore en *place.*

Mais ces indications et ces mensurations ne mènent à rien, comme je l'ai dit. Il est inutile de les citer, cas par cas.

Il nous suffira, pour les deux mâchoires, de donner les mensurations suivantes, qui sont les chiffres *limites.*

		M. INFÉRIEURE.	M. SUPÉRIEURE.
LONGUEUR	minimum	8mm,5 (n° 38)	8mm (n° 1).
	maximum	11mm (n°s 29 et 6)	10mm (n° 62).
LARGEUR	minimum	8mm (n° 38)	9mm (n° 1).
	maximum	10mm (n° 29 et 6)	11mm (n° 62).
SURFACE TRITURANTE.	(maximum)	11 × 10 = 110mmq	10 × 11 = 110mmq.
HAUTEUR sus-alvéolaire	minimum	8mm (n° 37)	6mm (n° 1).
	maximum	9mm,5 (n° 20)	9mm (n° 12).
HAUTEUR sous-alvéolaire moyenne (Racine).		10mm (n° 51)	11mm (n° 62).

Longueur. — Comme on le voit, la dimension qui donne la plus grande différence est *l'axe antéro-postérieur* de la dent; mais celle-ci n'est que très minime (1 m/m 1/2 au maximum) et paraît due plutôt à la *taille* des sujets qu'à la *race.*

Cependant elle se conçoit très bien, puisque l'*atro-*

phie évolutive de M³ doit se manifester surtout sur ce diamètre, puisqu'il est sous la dépendance du raccourcissement de l'axe antéro-postérieur de la branche horizontale du maxillaire et surtout du *redressement de la branche montante* de cet os.

Surface. — Il résulte des données précédentes que la surface triturante des M³ est presque sensiblement la même, avec un maximum de 110ᵐᵐᑫ.

Mais, à la mandibule, c'est l'axe *antéro-postérieur* qui l'emporte, tandis qu'en haut c'est l'*axe transversal*. Cela n'est encore dû qu'à la conformation des os, car, en haut, les dents peuvent se développer plus en largeur qu'en longueur, puisqu'elles n'encombrent alors en réalité, que la voûte palatine.

2° Poids. — La Dent de Sagesse, Néolithique, c'est-à-dire *desséchée*, et après un très long séjour dans un Ossuaire, non enfouie dans le sable, donne, en *poids*, en moyenne, les chiffres suivants :

a) *Moyennes*	M³ S (d'après un ensemble de 22 dents = 30 gr.).		1ᵍ,370
	M³ I (d'après un ensemble de 20 dents)		1 550
	Côté gauche (10 dents : 15 gr.)		1 500
	Côté droit (10 dents : 16 gr.)		1 600
b) *Minimum et Maximum*	M³ S	Minimum.	1
		maximum	2
	M³ I	Minimum.	1 10
		Maximum.	2

Comme on le voit, M³ I *pèse* un peu plus que M³ S : ce qui était à prévoir. Mais la différence n'est pas aussi considérable qu'on pouvait le penser.

L'écart *individuel* est bien plus grand, puisqu'il atteint presque 100 %.

Cela prouve nettement qu'en matière de dents humaines, il ne faut pas trop tenir compte des variations de dimensions, de volume et de poids, si l'on ne peut pas faire intervenir, en même temps, les notions de *sexe*, de taille et même de *Race*. — Mais ce sont le *sexe* et la *taille* qui doivent surtout jouer un rôle dans l'explication des différences énormes de volume et de poids constatées, et qui peuvent atteindre 100 %, comme je viens de le prouver.

2° HAUTEUR TOTALE. — La hauteur moyenne *totale* de M³ *adulte* est de 18 $^{m/m}$ à la mâchoire inférieure (maximum 21 $^{m/m}$: dent libre). — A la mâchoire supérieure, cette dimension est plus faible ; elle ne dépasse guère 17^m. Le maximum paraît être 19 $^{m/m}$ (n° 62).

3° Volume. — En thèse générale, au Néolithique, la formule est bien celle qui est classique pour l'époque actuelle. On peut la représenter ainsi : M³ < M² < M¹.

Or on sait qu'au *Paléolithique moyen* on a déjà : M³ = M² = M¹, en général, au lieu de la formule anthropoïde.

A. A la **mâchoire inférieure**, voici ce que j'ai d'ailleurs observé à ce point de vue :

a) M³ < M² < M¹ : Nᵒˢ 8, 7, 4, 27, 28, 29, 30, 31, 32, 33 ; n° 1 ; nᵒˢ 2 et 2 *bis.* — Soit 13 cas.

La différence entre M³ et M² est parfois d'*un millimètre* au moins, mais souvent moindre d'un demi-millimètre. — De plus, souvent M² est *presqu'égale* à M¹ ; mais ceci ne rentre pas dans notre sujet.

b) M³ ⩾ M² < M¹ : Nᵒˢ 6, 10, 5. — Soit 3 cas seulement. Ces trois faits, à cause de l'*Egalité* [M³ = M²], rappellent par atavisme le *Paléolithique moyen* (Par exemple : SPY, Moustérien).

c) M³ ⩾ M² ⩾ M¹ : N° 9. — Un seul cas, qui semble d'ailleurs n'être qu'une *Anomalie réversive.*

Donc, 13 fois sur 17, on est dans la RÈGLE qui cadre tout à fait avec ce que tous les auteurs admettent.

Il résulte de cette constatation qu'il est bien exact de dire que M³ *inférieure* a perdu de l'importance par rapport à M² et surtout à M¹, au cours de l'évolution humaine. Mais cette remarque nous oblige à bien préciser, fait important, **que cette évolution a eu lieu dès** le *Paléolithique moyen*, et nullement du Néolithique à nos jours !

D'où la conclusion que les M³ inférieures de la Pierre polie sont presque les mêmes que les M³ actuelles et que par suite la *fonction dentaire* est la même aujourd'hui qu'au temps des Néolithiques.

Le changement de M³, c'est-à-dire sa diminution *réelle* de volume, est par suite vieille de plus de 15.000 ans. Il faut en déduire de plus qu'à cette époque la *nourriture végétale* était la même que maintenant (1).

B). A la **mâchoire supérieure** la règle est celle-ci : M³ < M² < M¹. — Autrement dit, elle est la même qu'a l'époque actuelle.

(1) Chez les Animaux, M³ existe chez tous les *Herbivores*, les *Suidés*, les *Solipèdes*, les *Bovidés*, les *Cervidés*, les *Ovidés* et *Capridés* (Rhinocéros, Hippopotame, Renne, Daim, Chevreuil, Sanglier, etc.).

Chez les *Insectivores*, on trouve aussi M³, en haut et en bas (Hérisson, Marmotte, etc.).

Il en est de même chez les *Rongeurs* (Castor, Spermophile, Ecureuil, Lièvre, Porc-Epic).

Mais M³ *manque* chez certains *Carnivores*. La *Panthère*, l'*Hyène*, le *Lynx*, l'*Ours* (blanc et brun), la *Loutre* (pas de M² S) ; le *Chat*, le *Blaireau* (pas de M² S) ; le *Glouton* (pas de M² S) ; le *Putois*, la *Fouine* (pas de M² S).

Toutefois, chez le *Loup* (Canis lupus), le Renard (C. vulpes), le Chacal, l'*Isatis*, etc., M³ existe en *bas*, et non en haut). — Le Loup est donc plus rapproché de l'homme (comme le Chien), au point de vue M³, que l'Ours. Le Chien n'a pas de M³ supérieure, au demeurant. Cela ne tient pas à ce qu'il ne s'agit que d'un animal *domestique* (même gallo-romain), puisque le Loup est dans le même cas.

Il est certain que c'est le régime carnivore, qui fait disparaître M³, puisque les Animaux les moins carnivores (*Les Canidés*) n'ont conservé que M³ inférieure seule.

L'atrophie a donc commencé par en *haut*, c'est-à-dire au niveau de la *face*. La mandibule n'a fait que suivre l'exemple. C'est non pas le raccourcissement du museau qui doit être mis ici en cause, mais la nécessité d'un *mâchonnement* intense et très vigoureux.

On peut conclure de là, par suite, que M³ n'est pas sur le point de disparaître chez l'Homme !

En effet, pour les *six* faits dont nous disposons, nous constatons qu'elle est certainement réalisée. Il n'y a pas là la moindre exception ; et, pour ce maxillaire, il n'y a pas de discussion possible.

Il faut en conclure qu'au Néolithique, c'est la mandibule, dont les dimensions n'étaient pas encore bien fixées, qui seule présentait des variations importantes.

Dès cette époque, au contraire, le progrès actuel, c'est-à-dire la formule classique ci-dessus, était réalisée, dans tous les cas pour le *maxillaire supérieur*.

On doit déduire de là que l'aspect de la *Face humaine* n'a pas varié depuis la Pierre polie, tandis que la forme du *Menton*, si changeante, et de la mandibule dans son ensemble n'était pas alors complètement fixée, puisqu'on constate des variations pour la loi $M^3 < M^2 < M^1$.

2° **Tubercules.** — Les Tubercules ou saillies de la face triturante (*Cuspides*) sont variables de nombre, quoi qu'on en ait dit.

En réalité, M^3 peut avoir 3, 4, ou même *cinq* tubercules, et non pas seulement *trois*, comme on l'a écrit.

A. Pour la **mâchoire inférieure**, j'ai noté 28 cas, ainsi répartis :

a) 3 tubercules [n⁰ˢ 20, 36, 37 et 71] = 4 cas.

b) 4 tubercules [n⁰ˢ 8, 7, 9, 12, 5, 11, 40, 41, 33, 31, 34, 37, 38, 35, 28, 29, 43 ; n⁰ˢ 9 et 2 *bis* ; n° 1] = 20 cas (Fig. 3).

c) 5 tubercules [ou même 6] [n⁰ˢ 6, 4, 30, 42] = 4 cas.

Il en résulte qu'au Néolithique supérieur, et pour les Dolicocéphales, M^3 a, en général, QUATRE *tubercules*, et non pas *trois* [Cruveilhier] [1].

Il y en a donc *deux* pour chaque racine.

Puisqu'on a 20 dents de cette sorte sur 28 (soit presque 20 pour 25 environ, c'est-à-dire 4/5 ; mettons

(1) TESTUT a écrit (t. III, p. 34) : « 3, 4 ou 5 tubercules, mais toujours plus petits et mal délimités » (Fig. 4).

75 pour 100), dans 3/4 environ des cas, il y a quatre tubercules !

Les cas à 3 ou 5-6 tubercules ne sont donc que des
exceptions (1), contrairement à l'opinion des auteurs (2).

Fig. 3. — Aspect des faces triturantes des *deux* DENTS DE SAGESSE (M³)
du MAXILLAIRE INFÉRIEUR (n° XXXII) de l'Ossuaire des *Cous*, à Bazoges-
en-Pareds (Vendée). —[Photographie, sur fond quadrillé, au double centimètre, de *face*. Méthode Marcel Baudouin]. — *Échelle* : 1/2 grandeur
environ.
Légende : C. d., C.g., les deux condyles. — A. A, Apophyses coronoïdes,
très peu rejetées en dehors. — M¹, première grosse molaire gauche.
— I², Incisive latérale. — R, partie restaurée à la *Plasticine*, au niveau
de la *Brisure* d'Ossuaire, *post mortem*.

B. A la **mâchoire supérieure** par contre, j'ai noté,
dans tous les cas, l'existence de *trois tubercules*, corres-

(1) Parmi les dents *libres*, je n'en ai trouvé que 3 cas à *cinq* tubercules. — Aucune n'en a présenté que *trois* !

(2) Sur 3 dents libres jeunes, obtenues par dissection et de diagnostic sûr, j'ai trouvé 4 tubercules. D'ailleurs, quand on examine
le M³J., *non adultes*, par la face inférieure de la couronne, on a la
preuve qu'il y a eu presque toujours *quatre germes*. — Je reviendrai
ailleurs sur ce fait capital.

pondant en réalité aux trois racines. La règle classique ne s'applique donc en somme qu'au maxillaire du haut.

On conçoit très bien qu'il en soit ainsi, car nous avons vu plus haut que, dès le Néolithique, les M³ supérieures sont d'un volume *bien fixe*. Et il en est de

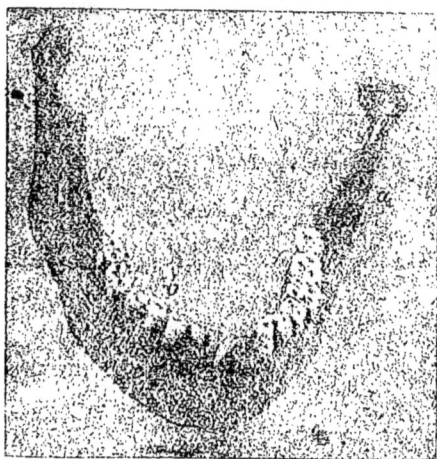

Fig. 4. — DENT DE SAGESSE, à *trois* tubercules, du côté gauche, du maxillaire inférieur, *entier*, en trois fragments (*a*, *b*, *c*), de *l'Homme* [Sujet GALLO-ROMAIN *extra-sépulcral* du Mégalithe du *Terrier de Savatole, au Bernard* (Vendée)] (1). — *Echelle :* 1/2 grandeur.

même pour le nombre de leurs tubercules, c'est-à-dire en somme leur forme. Cela tient à ce que, pour un temps assez long, l'*évolution* de M³ supérieure paraît, sinon *terminée*, du moins *immobilisée.*

3° **Racines**. — A. A la mandibule, il n'y a, naturellement, que *deux racines* : *l'antérieure* et la *postérieure*.

D'ordinaire l'*antérieure* est la plus longue ; elle dépasse d'habitude la *postérieure* de 1^{mm}, parfois de 1^m,5, mais jamais davantage.

(1) 1re grosse Molaire à *cinq* tubercules.

L'antérieure est aussi, d'ordinaire, un peu plus large.

Sillons. — Quelquefois les faces *opposées* des racines ont des sillons très marqués sur toutes les deux. Ce qui explique et les saillies de la cloison inter-radiculaire et la constitution de la Dent de Sagesse, formée en réalité de *quatre Germes* (et non de trois), au Néolithique (1).

Les racines antérieures ont quelquefois un sillon marqué en avant.

Il est facile de voir que la racine *postérieure*, qui d'ordinaire n'a pas de sillon, est cependant formée par deux germes. Il suffit d'examiner, sur les dents libres, le sommet de cette racine pour y trouver *deux* orifices pour deux nerfs (Par exemple : n° 3 (Tas III — A), où, par contre, la racine antérieure n'a qu'un trou, mais deux sillons).

La distance inter-radiculaire maximum varie de 0^mm à 3^mm ; ordinairement elle est de 2^mm.

Cône. — Parfois, mais rarement, les deux racines sont accolées en *cône allongé* ou en *pivot*, comme au maxillaire supérieur ; mais cette disposition est assez rare. Je ne l'ai notée que cinq fois sur 25 dents libres ; soit dans 1/5 des cas.

Crochets. — Assez souvent, les sommets des racines sont en forme de petits *crochets*. — L'antérieure se recourbe en arrière et la postérieure également.

Mais, pour bien les étudier, il faudrait déchausser et disséquer avec soin des dents en place. J'en ai compté cinq cas sur 25 dents libres (1/5 des cas).

B. A la **mâchoire supérieure**, il existe, ordinairement, comme je l'ai dit, *trois racines*, assez bien isolées. *Deux* sont ordinairement *externes*, comme pour les

(1) Le 5e tubercule et le 6e tubercule, qui ne réapparaissent que par atavisme, tiennent à ce que les molaires ont été, en réalité, formées par au moins *six germes* (et non pas *quatre*). Nous les retrouvons, au maxillaire supérieur, encore avec les *racines*, mais non plus les *tubercules*.

autres molaires, la 3e étant *interne*. J'ai pu vérifier le fait par dissection, sur des dents en place (nos 14 et 62), pour des alvéoles citées plus haut.

Mais on a vu qu'il peut y avoir des exceptions ; parfois les deux racines voisines sont internes. — L'écartement des racines est toujours faible.

D'ordinaire les trois racines sont rassemblées et très rapprochées, de manière à constituer un *Cône*, très net et bien plus court que pour M³ inférieure. Ce sont là des dents en pivot. — J'en ai compté 12 sur 22 dents libres (soit presque *la moitié* des cas).

Les *crochets* sont assez fréquents aussi. J'en ai trouvé 6 cas sur 22. Mais ils sont peu marqués (1/3 des cas environ).

Anomalies. — *Quatre* dents M³ S, libres, présentent **quatre** racines, au lieu de *trois*. — Cela ne tient pas au dédoublement de la racine interne (la 3e en somme). La racine supplémentaire est, en réalité, l'une des racines *moyennes*, qui réapparaît et se place entre les racines externe et interne, en s'accolant à l'une des externes, ordinairement la *postérieure*.

Cette anomalie, rare, mais des plus intéressantes, est purement *atavique*. Elle prouve bien que jadis M³ a été constituée par six *germes* : deux externes, deux moyens et deux internes.

Or il ne persiste aujourd'hui que les deux externes et un interne !

Mais parfois un germe *disparu*, celui d'arrière, réapparaît, comme le prouvent les deux faits précédents.

III. ABSENCE DE M³. — Il est possible d'observer le non-développement de M³, dès l'époque Néolithique.

---

(1) Le fait que le 6e germe ne réapparaît pas ici, de préférence au 3e, ne prouve pas qu'il n'y en a que *cinq*.

C'est M⁴ qui démontre surtout l'existence par anomalie de *six germes*, car elle a cinq tubercules, — Il y a en effet des M⁸] à six tubercules.

Il existe, en effet, des mâchoires de cette époque, correspondant sûrement à des *Adultes âgés* (fait qu'on peut affirmer quand *l'usure* des grosses molaires M¹ et M² est très marquée, surtout celle des M²), où il n'y a PAS TRACE DE M³, qui, par suite, a *avorté* et *ne s'est pas développée*.

Dans l'Ossuaire des *Cous*, je n'ai pourtant observé qu'un fait de ce genre. Ce qui prouve qu'à la Pierre polie cette *anomalie* (car ce n'en est qu'une) était extrêmement rare.

1° Il s'agit du cas n° 15, relatif d'ailleurs à la mâchoire *supérieure* (1) et à un sujet assez âgé, puisque M¹ est totalement *abrasée par l'Usure*, ainsi que Pm¹ et Pm², et que M² est *très usée*.

Ce cas est donc très net et absolument indiscutable (2) ; mais M³ n'a pu s'arrêter ici dans son développement que par suite de la brièveté du bord alvéolaire, raccourci en arrière. — Ce n'est donc là qu'un accident.

2° Je ne puis tenir compte d'abord du cas n° 86, où M³ manque sur une *mandibule*, à droite, car il s'agit d'un sujet JEUNE, vu l'usure très peu marquée de ses dents (Il doit avoir 18 ans). Il se pourrait très bien, en effet, que M³ se fut développée plus tard chez ce sujet.

3° De même pour le cas n° 52 (mandibule gauche), où M¹ n'existe pas (Arthrite alvéolaire et *Chute précoce*),

(1) L'anomalie doit être en effet plus rare encore en bas, vu la facilité de modification de longueur de la mandibule, par rapport à la mâchoire d'en haut.

(2) Cette pièce a été travaillée au *silex*, au cours de la *Désarticulation rituelle* de ce maxillaire supérieur. En effet, on note l'existence, sur la *face postérieure* de M² (qui correspondait dès lors aux os de la face, par suite de l'absence de M³), et sur sa *face interne*, de STRIES DE SILEX, horizontales, superposées, assez profondes, au nombre de 3, et dont *deux* sont de véritables ENCOCHES (ablation de *copeaux* osseux).

Ce travail humain, si curieux, est une preuve de plus que M³ était absente, lors de la *Décarnisation* c'est-à-dire de suite après la mort du sujet.

où il y a une alvéole pour M^2, mais rien pour M^3, car, à la rigueur, cette mâchoire pourrait correspondre à un sujet ayant moins de 20 ans également!

Certes, l'absence de M^3 doit être *plus fréquente* de nos jours; mais je ne suis pas en mesure de le prouver, faute de statistiques modernes.

IV. USURE DE M^3. — L'*intensité d'Usure* de M^3 est surtout appréciable, et utilisable (1), quand on opère sur des fragments possédant encore les trois grosses molaires en place.

a) Pour les côtés *droit* et *gauche*, en classant les **mâchoires inférieures** par degré d'Usure, j'obtiens d'ailleurs ce qui suit :

	DROIT		GAUCHE		AGE	
a) *Pas d'Usure*	Nos	6	Nos	33	25 ans.	
b) *Peu d'Usure*	»	10	»	32	30 »	
id.	»	8	»	»	30 »	
c) *T. Antéro-externe usé*	»	7	»	31	30 »	
id.	»	»	»	30	30 »	
id.	»	»	»	29	35 » ,	
d) *1/2 Antérieure usée*	»	4	»	»	35 » (et non 30).	
id.	»	9	»	»	40 »	
e) *3/4 Antérieurs usés*	»	»	»	27	55 »	
f) *Surface totale usée*	»	5	»	»	55 » (et non 40).	
id.	»	34	»	»	70 » Usure énorme!	

Ce Tableau me permet d'abord de rectifier deux assertions sans intérêt, mais inexactes, de mes premiers mémoires, relatives à l'âge des sujets. — De plus, il en résulte un **Caractère** nouveau, qui, au Néolithique, permet de reconnaître, à première vue, pour les dents *libres*, les M^3 douteuses des M^2 et M^1 *inférieures*.

Toute dent molaire à deux racines, *usée* en totalité, malgré sa forme, a très peu de chance d'être une M^3.

En effet, on n'en trouve que *deux* pour 14 dents d'adultes !

(1) J'utilise, on le sait, cette donnée par le diagnostic de l'Age des Sujets.

La même remarque doit s'appliquer aussi à l'époque *gallo-romaine*, comme le prouve la mandibule de Savatole (Le Bernard (V.), que je reproduis ici (*Fig. 4*) et où M³, à gauche, est à peine usée, par rapport à M¹ et M².

b) En ce qui concerne les **maxillaires supérieurs**, il n'y a rien de spécial à en dire, car, dans les cas de dents en place, d'ailleurs peu nombreux, l'*Usure* est *très peu accentuée ;* en tout cas, elle est **toujours plus faible** qu'à la mandibule. Ce qui se conçoit très bien, puisque, de par la pesanteur, toujours les aliments sont en contact plutôt avec M³ I qu'avec M³ S.

Comme d'ordinaire, elle est *interne*, tandis qu'elle est *externe*, ainsi qu'on le sait, à la mandibule.

V. CARIE. — On observe parfois la carie dentaire sur les grosses molaires néolithiques. — Certes, le fait est rare ; mais il est indiscutable.

Par contre, je ne puis citer que les deux cas suivants pour M³.

1° Dent *libre* (M³ supérieure gauche). Lésion au niveau du collet et sur la face externe. La cavité de carie est ovalaire, à grand axe horizontal, ayant $4^{mm} \times 2^{mm}$. Sa profondeur ne dépasse pas 2^{mm}.

2° Une M³ supérieure droite (à 4 racines d'ailleurs) présente une *très forte* carie, sur sa face externe. L'orifice a $7^{mm} \times 4^{mm}$. La cavité est très profonde [1].

Ces faits sont uniques à ma connaissance, jusqu'à présent. — Je n'ai pas constaté la moindre lésion sur les M³ en place de tous les fragments recueillis.

On peut affirmer, d'ailleurs, qu'au Néolithique la carie de M³ est tout à fait *exceptionnelle* [Deux cas sur 70 sujets ou plutôt sur 70 dents recueillies].

[1] Ces 2 dents ont précisément 4 racines, qui sont crochues.

On notera la localisation paraissant **exclusive** à la mâchoire supérieure.

De nos jours, elle est beaucoup plus fréquente, indiscutablement, en *haut* et surtout en *bas* !

CONCLUSIONS.

1° Cette étude prouve que nos grosses molaires, et en particulier la Dent de Sagesse, n'ont, en réalité, que très peu varié depuis l'Age de la Pierre polie, c'est-à-dire au moins 15.000 ans. — Ce qui démontre, une fois de plus, qu'il faut des milliers d'années parfois pour obtenir une modification quelconque dans un organe !

2° Le changement le plus important, qui ne consiste guère d'ailleurs qu'en une légère Atrophie de M^3, s'est produit, en réalité, pendant le **Paléolithique supérieur**, et partant **avant le Néolithique**, puisque au *Moustérien* on a encore $M^3 = M^2 = M^1$ ou à peu près.

a). Mais, au Paléolithique inférieur, on avait, chez l'Homme d'Heidelberg [Mâchoire de Mauer], une forme nettement intermédiaire, avec $M^1 < M^2 > M^3$.

b). Pour arriver à la vraie formule animale — celle des singes et des espèces plus inférieures encore, — qui est $M^1 < M^2 < M^3$, il faut descendre à la *Mâchoire de La Naulette*, qui est, d'ailleurs, probablement de la fin du Tertiaire.

c). Mais, comme déjà chez le Chien, on a $M^1 > M^3$ [M^3 manque en haut], cela prouve nettement que cette **Atrophie** humaine de M^3 n'est qu'une conséquence de la fonction de *Mastication* et qu'elle n'est pas en relation, le moins du monde, avec l'évolution de la Face et du Cerveau, comme on l'a cru longtemps et bien à tort.

3° On n'a donc plus le droit de dire qu'actuellement la Dent de Sagesse est toujours en véritable *Régression*.

Ou du moins on ne peut pas le constater, car il n'y a

pas encore assez de temps écoulé entre le Paléolithique moyen et l'heure présente. Seuls nos futurs descendants pourront vérifier si vraiment ce phénomène existe. Et encore sera-t-il nécessaire qu'ils attendent encore 10 à 15.000 ans, puisqu'il a fallu, du Moustérien au Néolithique, plus de 30.000 ans, pour que M^3 devienne nettement *plus petite* que M^2 !

4° Au Néolithique, d'ailleurs, la Formule moderne $[M^1 > M^2 > M^3]$ ne se vérifie constamment que pour le **Maxillaire supérieur**. Ce qui indique que l'Homme néolithique avait déjà cette mâchoire semblable à celle des hommes de nos jours, en ce qui concerne M^3. Là encore, on ne constate aujourd'hui aucun phénomène régressif, si ce n'est de très rares cas de *Déviations d'Axe*, trop rares pour indiquer une évolution en marche...

5° Par contre, M^3, au *Maxillaire inférieur*, a dû *varier* davantage pendant le Néolithique. En effet, là, la règle citée ci-dessus $[M^1 > M^2 > M^3]$ *n'est pas absolument constante*. Cela tient à ce que la mandibule était, alors, *encore en Evolution* ! La forme de cet os n'était donc pas définitive à cette époque... D'ailleurs, là aussi, on constate quelques Déviations d'Axe.

6° Mais, en somme, on peut dire, qu'il n'y a que des DIFFÉRENCES, TRÈS MINIMES et très peu importantes, entre les M^3 NÉOLITHIQUES et MODERNES. Il est donc absolument exagéré de prétendre que la *Dent de Sagesse* est actuellement en voie de **Régression** et surtout de DISPARITION (1).

La Préhistoire ne démontre rien de semblable, quoi qu'on puisse en penser. Je viens, je crois, de le prouver.

7° L'Anatomie comparée, et en particulier la Denture des Carnivores, montre d'ailleurs, d'autre part, que

(1) En effet, l'ABSENCE TOTALE de M^3, qui n'est qu'une *Anomalie rare* ne prouve rien. — Il faudrait observer une Diminution considérable de volume de M^3 ! — Or il n'en est rien. Les M^3 MODERNES sont souvent PLUS GROSSES que les NÉOLITHIQUES...

l'*Atrophie* ou la *Disparition* de M³ (1), *réalisées* chez la plupart de ces espèces animales, n'a pas pour cause un notable *Raccourcissement du Museau* et partant une *Atrophie* de la *Face*, mais bien la nécessité d'un fonctionnement spécial des mâchoires, en relation avec l'alimentation et le mode de nourriture.

Par conséquent, chez l'Homme, on n'est pas du tout sur le point de voir disparaître la **Dent de Sagesse**, puisque nous tendons de plus en plus à n'être guère que des *Frugivores* et des *Herbivores* (2). Le régime *végétarien*, repris, nous conservera donc sûrement notre troisième grosse molaire... (3).

Est-ce un bien? Ce ne sera sans doute pas l'avis de tous les Odontologistes. — Mais ils n'y pourront rien !

(1) Ainsi que parfois celle de M², au demeurant.
(2) Le type des animaux à « Dents de Sagesse » !
(3) Il est probable que l'*Atrophie* de M³, qui ne s'est produite qu'au *Paléolithique moyen*, tient bien à ce que, pendant toute cette époque, l'Homme a été plus *carnivore* qu'auparavant (Epoque tertiaire et quaternaire inférieure). Cela correspond d'ailleurs à la période des grandes chasses au Bison et au Renne (Moustérien et Paléolithique supérieur).

Vannes. — Imprimerie LAFOLYE, 2, place des Lices. — 585-1917.

www.ingramcontent.com/pod-product-compliance
Lightning Source LLC
Chambersburg PA
CBHW070757220326
41520CB00053B/4523